1 MONTH OF
FREE
READING

at

www.ForgottenBooks.com

By purchasing this book you are eligible for one month membership to ForgottenBooks.com, giving you unlimited access to our entire collection of over 1,000,000 titles via our web site and mobile apps.

To claim your free month visit:

www.forgottenbooks.com/free395408

ISBN 978-0-666-00587-8
PIBN 10395408

CONFÉRENCE

SUR

L'APICULTURE

DESTINÉE A ÊTRE LUE

DANS UNE VILLE, UN CHEF-LIEU DE CANTON OU UN VILLAGE IMPORTANT

PAR

Madame FISCHER

PRÉSIDENTE D'HONNEUR DE LA SOCIÉTÉ D'APICULTURE DE L'AISNE

Ce travail a obtenu le Prix agronomique (Médaille d'or)
dans le Concours ouvert par la Société des Agriculteurs de France
en 1896.

(Extrait du *Bulletin de la Société des Agriculteurs de France*)

PARIS

SOCIÉTÉ ANONYME DE PUBLICATIONS PÉRIODIQUES

P. MOUILLOT, Imprimeur

13, QUAI VOLTAIRE, 13

—

1897

CONFÉRENCE SUR L'APICULTURE

DESTINÉE A ÊTRE LUE

DANS UNE VILLE, UN CHEF-LIEU DE CANTON OU UN VILLAGE IMPORTANT,

Par Madame FISCHER

Présidente d'honneur de la Société d'Apiculture de l'Aisne.

Sic vos non vobis mellificatis apes.

Mesdames, messieurs,

Je ne vous dissimulerai pas que je viens entreprendre une tâche diffi-
cile, je dirai même ardue, celle de vous intéresser à cette science qu'on
nomme l'apiculture.

Les gens du monde ne connaissent en général de l'abeille que son produit, le miel, et surtout sa piqûre; si l'un est agréable, l'autre ne l'est guère,
j'en conviens, et suffit peut-être pour donner auprès de certaines personnes
une mauvaise renommée à cet utile insecte.

Pourquoi, me direz-vous, nous occuper de la science apicole? Que ferons-
nous de ruches à la ville? Nous n'avons pas d'abord l'emplacement pour
les loger, et puis, nous ne connaissons rien de cette science. Permettez-
moi de vous soumettre une réfutation de ce raisonnement.

Est-ce que vous pouvez causer et raisonner sur l'élevage et le dressage
du cheval? et cependant, vous faites partie des concours hippiques, des
sociétés pour l'amélioration de la race chevaline.

Vous en faites autant à l'égard des races bovines, porcines, gallines, etc.

Pourquoi apporter votre participation à tous ces comices, à tous ces
concours? sans nul doute, c'est parce que vous vous intéressez aux choses
utiles, et que vous êtes persuadés qu'en encourageant la culture et les
éleveurs d'animaux, vous forcez le progrès à vaincre la routine, et parti-
cipez ainsi au bien-être général

Mon but, en vous rappelant ce que vous faites pour ces utiles institutions,
est de vous engager à agir de même envers les sociétés apicoles; elles sont
nombreuses, presque chaque département possède la sienne : offrir votre
obole, — je puis dire une obole, car aucune cotisation n'est moins coûteuse
que celle d'une société apicole, — c'est faire œuvre philanthropique, c'est
aider les humbles et les pauvres, c'est contribuer au bien-être des artisans,
des ouvriers, des membres des classes besogneuses, c'est augmenter leur
petit budget, c'est plus encore, c'est faire acte de moralisation, c'est retenir
chez lui l'ouvrier, car plus d'un, — nous pourrions avancer les preuves à
l'appui, — a oublié le chemin du cabaret en soignant ses abeilles, en atten-
dant la sortie d'un essaim, en restant parfois des heures entières à suivre
de l'œil leurs joyeux ébats dans les airs; l'amour pour les abeilles peut
devenir une véritable passion.

CONSIDÉRATIONS GÉNÉRALES SUR L'ABEILLE.

L'Abeille, insecte de la famille des hyménoptères, ainsi désignés parce qu'ils ont quatre ailes membraneuses, n'a paru sur la terre qu'en même temps que les mammifères, on ne trouve pas d'abeilles fossiles avant l'époque tertiaire.

On connaît plusieurs variétés d'abeilles; les principales sont : l'abeille ordinaire ou commune, l'abeille italienne, l'abeille égyptienne, et l'abeille de Madagascar; elles ne diffèrent entre elles que par la coloration du corps : l'abeille commune est d'un noir grisâtre, l'Italienne est jaunâtre, et l'abeille de Madagascar d'un noir de jais; citons une autre sorte d'abeille nommée Mélipones qui existe au Mexique, et qu'on élève pour son produit; son dard existant à l'état rudimèntaire est inoffensif. Elle n'offre pour nous aucun intérêt, et ne peut s'acclimater dans aucune région de l'Europe, puisqu'il lui faut pour prospérer la chaleur des Tropiques.

L'abeille ne peut vivre qu'en agglomération ou en famille, il lui faut une certaine chaleur pour exister, il n'est pas rare de voir cette chaleur s'élever, dans les ruches, à plus de 30 degrés centigrades.

L'élevage de l'abeille remonte à la plus haute antiquité. Jupiter, disent les anciens auteurs païens, fut nourri dans l'île de Crète du lait de la chèvre Amalthée et du miel que lui donnaient les Corybantes.

On voit dans Virgile qu'Aristée, le berger, déplore la perte de ses abeilles qu'une main sacrilège lui avait dérobées, abeilles qu'il avait fait sortir en essaims innombrables des flancs d'un taureau immolé.

Les anciens croyaient en général à la génération spontanée des abeilles, et cette erreur dura des siècles.

Nous lisons dans l'Ancien Testament que Moïse, le premier écrivain biblique, promet aux enfants d'Israël, en récompense de leur soumission aux ordres du Seigneur, une terre où couleront le lait et le miel.

Plus tard, il est encore question du miel sous les juges d'Israël : Samson ne trouve-t-il pas un rayon de miel dans la gueule d'un squelette de lion?

Le divin Maître, après sa résurrection, se montre à ses apôtres, et, pour leur prouver qu'il n'est pas un fantôme, leur demande de la nourriture; ils lui apportent un rayon de miel.

Les anciens, — avons-nous dit plus haut, — croyaient généralement à la génération spontanée des abeilles, et cependant, quelques-uns d'entre eux étaient plus instruits en apiculture qu'on ne le pense d'ordinaire, puisqu'Aristote, qui vivait 384 av. J.-C., avait découvert qu'il y avait un individu plus gros que les autres parmi les abeilles, il le nommait roi; qu'une ruche se composait de plusieurs sortes d'individus, et que ce roi était indispensable à la vie d'une ruche; il entrevoyait déjà, sans s'en rendre un compte exact, l'abeille-mère. Plus tard, avec les nouvelles découvertes, bien des passages de ses écrits devinrent compréhensibles.

Un hollandais nommé Swammerdam, né à Amsterdam, en 1637, fit des études constantes et profondes sur les abeilles ; il les observait le jour, écrivait et dessinait la nuit; n'écoutant que son courage, il commençait ses observations en été à 6 heures du matin, et restait en plein air, exposé aux rayons du soleil brûlant de midi; il ne cessait ses études que lorsque ses yeux obscurcis par la vive clarté lui refusaient leur service pour examiner d'aussi petits objets ; à l'aide du microscope, cependant très imparfait à cette époque, il découvrit le sexe de la reine abeille. Il se fatiga tellement dans ses recherches qu'il y perdit la santé.

Après Swammerdam, la science apicole resta stationnaire ; puis vint

Huber, né à Genève en 1692; frappé de cécité dans un âge peu avancé, il n'en fit pas moins des découvertes importantes sur les abeilles; il les avait aimées voyant ; aveugle, il se passionna pour elles : assisté par sa femme à laquelle il avait été fiancé avant la perte de la vue et qui persista noblement à unir sa vie à la sienne, aidé par son domestique François Burnens qui était doué d'une énergie infatigable et de l'enthousiasme que doit posséder tout bon observateur, Huber, dis-je, assisté par ces deux personnes qu'il dirigeait, fut le premier à démontrer que les antennes sont pour les abeilles l'organe du toucher.

Ayant enfermé une reine dans une cage en toile métallique, il vit une quantité d'abeilles passer leurs antennes à travers les mailles de cette cage, les tournant dans toutes les directions, et la reine répondant à ces preuves d'affection en croisant ses antennes avec les leurs; les abeilles allongeaient leur langue pour la nourrir ; donc, elles échangeaient leurs impressions par le moyen de leurs antennes : Huber avait trouvé le sens du toucher chez ces admirables insectes.

Il découvrit également que les abeilles ont un odorat très fin.

Il fut témoin, toujours par les yeux de ses amis, — mais il la pressentait, — de la jalousie de la reine pour ses rivales encore enfermées dans leur cellule ou berceau, et put assurer qu'il n'y avait qu'une seule reine ou mère par ruche. Cependant on a vu parfois plusieurs reines dans une ruche; pourquoi? et comment s'arrangent-elles pour vivre ensemble en bonne harmonie? Les abeilles, seules, pourraient nous le dire, car, en apiculture, ce dernier fait n'est pas résolu, de même que beaucoup d'autres questions se rapportant à cette science.

Ensuite vinrent le curé silésien Dzierzon pour l'Allemagne ; en France, les Debeauvays, Vignole, Lombard, Radouan, l'abbé Sagot, le pasteur Bastian, le professeur Hamet, fixiste (nous reviendrons sur ce mot), M. de Layens; en Amérique, Langstroth, Dadant, Quimby ; en Angleterre, les Cowan, Abbott, Weill, etc., etc., etc. Pour citer tous les noms de ces maîtres dans l'art de l'apiculture et en faire l'historique, il nous faudrait écrire un volume, preuve convaincante, mesdames et messieurs, que la science apicole n'a jamais été méconnue et possède un vaste champ d'observations à parcourir.

L'abeille est et restera, de tous temps, le symbole de l'activité et du travail, elle en est même le martyr; autrefois, plus d'une noble maison du Midi avait fait figurer l'abeille dans ses armes. Les châtelaines du moyen-âge brodaient sur l'écharpe de leurs chevaliers une abeille voltigeant autour d'une branche de thym ; ce double symbole signifiait que celui qui le porterait mêlerait la douceur et l'activité à toutes ses actions. Elle figure dans les armoiries, aussi bien que dans les descriptions des poètes, plus d'un l'a chantée : notre grand poète national, Victor Hugo ne l'a pas oubliée. On croit que les abeilles étaient le symbole de la tribu des Francs.

On en a trouvé de brodées sur le manteau de Childéric, lors de l'ouverture de son tombeau. Le pape Urbain VIII portait des abeilles dans ses armes. Plusieurs villes de France en possèdent également.

Le manteau impérial de Napoléon Ier et ses armoiries étaient parsemés d'abeilles d'or.

Nos villageois, encore superstitieux, croient qu'il faut associer les abeilles aux joies et aux douleurs de la famille, et lorsqu'un propriétaire de ruches trépasse, ils s'empressent d'orner le rucher d'un morceau d'étoffe noire, persuadés que ces insectes abandonneraient leur demeure, s'ils n'étaient associés aux événements domestiques.

L'abeille ne fut élevée dans les Gaules qu'à la suite de la conquête romaine : elle devait exister dans nos vastes forêts, logée dans des creux d'arbres, à l'état sauvage ; les Gaulois, belliqueux et toujours en guerre avec les tribus voisines, n'avaient pas le loisir de les soigner, ni de temps à leur consacrer.

Charlemagne mentionne dans ses Capitulaires l'élevage de l'abeille.

Au moyen-âge, et même jusqu'au XVIe siècle, les abeilles figuraient dans les baux des fermages, soit en cheptel, soit autrement ; les ruches étaient désignées sous le nom de moiches, et les essaims de l'année sous celui de moichettes.

Les couvents élevaient considérablement d'abeilles pour leurs produits ; les moines soignaient les malades et leur donnaient des médicaments ; eux seuls avaient le secret des préparations pharmaceutiques de l'époque ; le miel y était indispensable, puisque le sucre était inconnu.

L'abeille est connue dans les deux mondes ; les abeilles sauvages peuplaient les immenses forêts de l'Amérique du Nord ; elles y sont devenues les précurseurs de la colonisation ; les Indiens Peaux-Rouges, en voyant les essaims plus nombreux qu'ailleurs dans les creux des arbres, disent : « L'homme blanc n'est pas loin ».

En Europe, on trouve l'abeille jusqu'en Finlande, la Russie en élève des quantités énormes ; l'Algérie lui est favorable, et les Kabyles passent pour d'adroits apiculteurs.

Elle existe dans toute l'Afrique, en Asie, aux îles Canaries, à l'île de Madère ; il semble que Dieu, dans son immense prévoyance pour l'homme, ait voulu doter la terre entière de cet utile insecte.

Des têtes couronnées, d'illustres prélats, de grands personnages n'ont pas dédaigné les abeilles. L'impératrice Marie-Thérèse, la mère de l'infortunée reine de France qui périt victime de la fureur révolutionnaire, avait un rucher et un apiculteur, Janscha, qui fit même faire de grandes découvertes dans l'histoire naturelle de l'abeille ; ce goût devint héréditaire dans la noble maison d'Autriche, car l'empereur actuel François-Joseph possède un rucher dans son jardin particulier, non loin de ses fenêtres, pour l'avoir sans doute à portée de ses yeux, et il subventionne généreusement le budget apicole de ses États : ce budget s'élevait, il y a quelques années, à près de 60,000 francs pour l'entretien des ruchers-écoles et les traitements des professeurs ; tandis qu'en France, sous le second empire, on allouait 57 fr. et quelques centimes à Hamet, directeur du rucher du Luxembourg.

Il faut nous montrer, non les derniers en matière apicole, mais les premiers ; l'Allemagne sous ce rapport est, dit-on, fort en avance sur nous. Qu'importe ! mettons-nous à l'œuvre avec ardeur ; notre voix ne restera pas sans écho.

HISTOIRE NATURELLE DE L'ABEILLE.

J'ai voulu, Mesdames et Messieurs, attirer et fixer votre attention sur l'histoire générale de l'abeille, depuis que l'homme l'a domestiquée ; laissez-moi vous entretenir de son histoire naturelle, de ses fonctions ; nous examinerons ensuite la manière de l'élever, de la recueillir, de la loger, et l'art de profiter de ses produits.

Il existe dans une ruche trois sortes d'individus :

La reine ou mère, les ouvrières proprement dites, et les faux bourdons ou mâles.

Le corps de l'abeille se compose de trois parties : la tête, le corselet et l'abdomen.

Les principaux organes de la tête sont : les antennes, organes du toucher ;

les yeux au nombre de cinq; deux, plus gros, sont placés de chaque côté de la tête, et trois, plus petits, sur le front; ce nombre d'yeux lui permet de regarder dans toutes les directions.

La bouche se compose de trois parties: les mandibules, la langue, et les antennules ; les mandibules servent aux abeilles à polir la ruche, à appliquer le propolis, à broyer le pollen: ce sont pour elles de précieux instruments. Les mandibules de la reine et des mâles sont impropres à tous ces usages.

La langue est destinée à puiser le miel dans les fleurs.

Le corselet est formé de trois articulations ; à chaque articulation se trouve une paire de pattes ; elles en ont trois paires ; les pattes des ouvrières sont pourvues d'une brosse et d'une corbeille ; cette corbeille leur sert à rapporter le pollen ou poussière fécondante des fleurs ; elle est creusée en forme de pelle triangulaire, et bordée de poils durs et serrés.

Les ailes sont au nombre de quatre, celles des mâles sont beaucoup plus grandes.

L'abdomen, plus grand que la tête et le corselet ensemble, surtout chez la reine, est couvert d'écailles imbriquées.

L'abeille a deux estomacs, dont le premier est ordinairement appelé jabot, et le second, placé en arrière, estomac proprement dit.

La digestion se fait dans ce dernier ; il s'ouvre dans l'intestin grêle et se termine par le gros intestin aboutissant à l'anus.

Le jabot est le réservoir à miel dans lequel l'ouvrière rapporte son butin.

L'abeille respire par quatorze petits trous ; deux au corselet, et douze à l'abdomen; l'air respiré pénètre dans des trachées qui le distribuent dans tout l'organisme.

Les nerfs se ramifient par tout le corps ; son système nerveux est très complet ; les muscles sont nombreux et puissants ; dans le corselet, ils mettent en mouvement les ailes et les pattes.

Une espèce de grosse artère traverse le corps de l'abeille, et y distribue le sang. Il est incolore ; certains entomologistes prétendent qu'il est chaud.

L'appareil vulnérant, plus généralement connu sous le nom de dard, est fixé au corps par des muscles puissants ; il est fait en forme d'épée barbelée ; au repos il reste toujours caché ; il est beaucoup plus long chez la reine-abeille que chez l'ouvrière ; les mâles ou faux bourdons en sont complètement dépourvus.

La reine-abeille se reconnaît à première vue : sa tête est ovoïde, l'abdomen est allongé et effilé, sa couleur est plus claire en dessous, les anneaux de l'abdomen sont plus jaunes ; en somme, elle est plus élégante dans sa forme et dans sa démarche que le vulgaire des abeilles, c'est une véritable aristocrate.

La reine est l'âme de la ruche ; que la colonie prospère ou décline, c'est à elle avant tout qu'en revient l'honneur ou le blâme ; on peut dire: telle reine, telle ruche.

Les fables les plus absurdes ont été faites sur cette abeille-mère; elle est mère, pas autre chose, elle ne gouverne pas; si nous la désignons sous le nom de reine, c'est pour nous conformer à l'usage établi.

L'instinct merveilleux des abeilles leur dit que leur existence dépend de la reine; il ne faut pas s'étonner si elles l'entourent de soins constants et assidus, et ne la laissent manquer de rien ; elle est suivie comme une souveraine par des compagnes empressées et attentives, elle n'a qu'à étendre sa langue, la nourriture lui est donnée en abondance ; c'est une nourriture spéciale, composée de miel et de sucs nourriciers élaborés dans l'estomac des abeilles, et contenant des principes plus nutritifs que le miel seul ; quelques auteurs apicoles nomment cette nourriture : gelée royale.

Si un danger la menace, la population tout entière est prête à la défendre.

Cet intéressant insecte naît dans une cellule particulière qui ressemble à la cupule d'un gland de chêne, et lorsque l'œuf y a été pondu, les abeilles allongent cette cellule, qui prend alors la forme d'un véritable gland.

Habitant un espace plus vaste que les autres abeilles dès sa première enfance, il ne faut pas s'étonner qu'elle devienne pondeuse, puisque ses organes peuvent se développer ; il faut seize jours et demi, depuis le moment où l'œuf a été déposé dans la cellule royale, jusqu'au moment où elle sort de son étroite prison, en en brisant la fermeture.

Au bout de trois ou quatre jours, elle peut supporter le poids de l'air, et voler à la rencontre d'un bourdon ou abeille mâle. Elle met de la prudence dans ses sorties, et, pendant plusieurs jours consécutifs, elle ne s'absente que quelques instants, sans doute pour prendre connaissance des lieux, et pouvoir distinguer sa demeure natale. Si le temps est pluvieux ou que le vent s'élève, elle rentre à la ruche et attend un beau jour pour sortir de nouveau ; ce beau jour sera celui de sa course nuptiale. Si, comme nous le disons, le temps est favorable, elle s'élance dans les airs, et, parmi tous les soupirants qui l'entourent, elle distingue le bourdon qui va payer de sa vie le fatal honneur de lui être uni ; plus cruelle que Marguerite de Bourgogne, c'est par l'amour qu'elle tue son amant.

Rentrée dans la ruche, elle n'en sortira plus, si ce n'est pour se joindre à un essaim qui la quittera.

Elle est fécondée pour toute sa vie ; cette fécondité est si grande, pendant les trois ou quatre années de son existence, qu'elle peut pondre dans l'espace de 24 heures, si elle est robuste et ne manque ni de nourriture, ni de place, c'est-à-dire de cellules vides, jusqu'à 3.000 œufs.

Lorsque, par suite de vieillesse, la reine devient impropre à la ponte, les abeilles la mettent à mort, et une nouvelle reine est élevée à sa place. Les abeilles ne restent jamais orphelines, et, pour remplacer la perte de la reine, elles choisissent un œuf récemment pondu, allongent la cellule où il se trouve, nourrissent cette larve de gelée royale dont nous avons parlé plus haut, et se créent ainsi une nouvelle reine.

La reine a un dard aussi bien constitué que celui de l'abeille ouvrière ; mais elle ne s'en sert que lorsqu'elle veut tuer ses rivales ; on peut impunément la prendre dans la main. On a vu quelquefois, dans les campagnes, des gens plus instruits que les autres, en fait de science apicole, tenir une reine cachée dans leur main, et se faire suivre par l'essaim qui était sorti de la ruche en même temps que cette reine ; cette quantité d'abeilles, qui ne songeaient pas à piquer, préoccupées de rechercher leur reine, offrait un spectacle nouveau et inexplicable à tous les témoins de ce spectacle. Ces coqs de village passaient pour sorciers : cela flattait leur orgueil et les posait dans l'esprit de la population tout entière.

La jalousie de la reine est si grande envers ses rivales qu'elle rôde sans cesse autour de leurs berceaux, et, sans la garde assidue des ouvrières, elle les percerait de son aiguillon, surtout lorsque ces jeunes mères, imitant le bruissement de jeunes cigales, font entendre un petit chant très clair qui semble dire à l'ancienne mère : « Nous sommes là. » Les abeilles ont tout prévu et font bonne garde ; c'est alors que la vieille reine, irritée et agitée, fait retentir son chant de départ : « Qui m'aime me suive ! » et l'essaim, c'est-à-dire la quantité d'abeilles en trop pour l'habitation, devenue trop exiguë, quitte la ruche et s'envole avec elle pour fonder une nouvelle colonie.

Après la description de cet insecte si parfait, passons à l'abeille ouvrière : c'est bien le martyr du travail, car elle en meurt.

Sa vie est courte, six à sept semaines au plus pour celles qui éclosent dans la bonne saison ; les aspérités des plantes accrochent et déchirent leurs ailes délicates ; elles deviennent la proie des oiseaux qui en sont très friands, d'insectes plus gros qu'elles ; une seule goutte d'eau les abat sur la terre, où elles tombent encore entre les mains de leurs ennemis. Seules, celles qui naissent à la fin de la saison passeront l'hiver dans la ruche ; ne travaillant pas, elles ménageront leur vie (triste réflexion pour l'espèce humaine), elles attendront ainsi les premiers beaux jours, fourniront la nourriture aux larves d'abeilles qui vont se développer à cette époque, et, remplacées par un élément jeune et vigoureux, elles iront rejoindre dans la mort les compagnes qui les y ont précédées.

Ces abeilles ouvrières mettent 21 jours pour acquérir leur développement d'insecte parfait, à partir du jour où l'œuf a été déposé dans la cellule. Quelques auteurs ont dit que les ouvrières étaient neutres et sans sexe propre ; je préfère me mettre du côté de ceux qui ont dit, avec plus de justesse, qu'elles étaient des femelles atrophiées ; parfois, dans quelques colonies privées de leur mère, ces abeilles pondent, mais leurs œufs ne produisent que des mâles. Elles sont chargées de tous les soins intérieurs. Tantôt, architectes, elles élèvent ces admirables constructions, nommées rayons, et qui serviront de berceaux aux jeunes abeilles, puisque ces rayons sont formés de cellules qui doivent recevoir les œufs pondus par la mère, de magasins à miel, à pollen, que les abeilles déposeront dedans à leur rentrée des champs ; le miel n'y sera placé qu'après avoir subi une certaine transformation dans leur estomac comme dans un mystérieux laboratoire.

Le pollen, que nous citons plus haut, est recueilli sur certaines plantes qui en sont abondamment pourvues. Pour le rapporter à la ruche, les ouvrières emmagasinent cette substance dans leurs pattes creusées en forme de corbeilles ; on l'aperçoit parfaitement lorsqu'on les observe au printemps, époque où il est plus abondant ; mêlé au miel, il sert à la nourriture des larves au berceau, il se montre sous la forme de petites pelotes de différentes couleurs fixées à leurs pattes ; elles en sont parfois si chargées qu'elles tombent avec leur fardeau devant la ruche.

Elles ont encore d'autres fonctions, comme celle de couver les œufs ; de là, le nom de couvain donné aux alvéoles de cire renfermant de jeunes abeilles qui attendent l'éclosion.

Elles sont également nourrices, car elles se chargent de fournir la pâture aux larves, jusqu'à l'instant où ces larves, ayant atteint le sixième jour de leur existence, sont enfermées dans leur cellule avec une nourriture suffisante ; les abeilles ferment cette cellule avec un léger couvercle de cire un peu bombé : l'insecte le percera lorsqu'il sera arrivé à l'état parfait. Elles apportent de l'eau dans la ruche, élément indispensable à toute colonie ; il y en a qui sont gardiennes de la sûreté générale, et qui, placées aux abords de la porte commune, donnent l'éveil jour et nuit, lorsque l'ennemi veut s'introduire dans la cité.

Outre le miel, l'eau et le pollen, les abeilles récoltent une substance aromatique qu'on nomme propolis et qu'elles recueillent en abondance au printemps sur les bourgeons des peupliers, des marronniers et des sycomores ; elles le rapportent encore à l'aide de leurs pattes; cette substance leur sert comme le mortier et le ciment servent aux maçons. Elles calfeutrent avec le propolis les fentes de la ruche pour la préserver du froid en hiver, et des attaques de la fausse teigne en été ; elle leur sert également à rétrécir l'entrée de leur habitation ; elles embaument avec, les corps des petits animaux qui s'introduisent dans leur demeure, et qui, sans cette précaution, y répandraient les principes délétères de la putréfaction.

D'autres, enfin, paraissent immobiles aux abords de la ruche pendant les grandes chaleurs de l'été. Que font-elles? Elles donnent, en agitant leurs ailes, de l'air à la ruche, pour que la température de l'intérieur ne fasse pas fondre les rayons de cire, pour que la reine ne soit pas privée d'air, et que le couvain ait une chaleur à peu près constante ; cette ventilation fait aussi évaporer l'eau qui se trouve dans le miel et qui nuirait à sa conservation.

Lorsqu'on voit un instinct aussi merveilleux se développer chez de si petits animaux, on se courbe avec admiration devant le Créateur de toutes choses, et, si le croyant adore ses œuvres si parfaites, elles font rêver l'athée.

Les abeilles ouvrières ont un dard piquant et barbelé, comme nous l'avons déjà dit ; elles ne s'en servent que par nécessité, puisque sa perte cause leur mort en restant dans la plaie. Elles sont moins méchantes qu'on ne le pense généralement. Sans connaître les personnes qui les soignent, (ceci est une erreur complète), elles ne sont agressives que lorsqu'on les approche sans précaution, par un temps trop orageux, en gesticulant, ou sans fumée, etc., etc. Les gardiennes font alors entendre un petit bruit strident produit par leurs ailes ; ce bruit donne l'éveil à toute la colonie ; si vous êtes venu avec l'intention, soit de passer la ruche en revue, soit de faire une récolte, décampez prudemment et sans mouvements ostensibles ; remettez votre inspection ou vos opérations à un autre jour ; ne choisissez pas votre moment, mais le leur. Quand on a acquis un peu d'expérience de l'abeille, on ne s'y trompe pas.

Vous voyez, Mesdames et Messieurs, que, si la reine est l'âme de la colonie, les abeilles en sont la partie active et indispensable. Faisons maintenant connaissance avec les faux bourdons ou mâles : leur existence, si elle n'avait une fin aussi tragique, serait un *farniente* constant, puisqu'ils la passent dans l'inaction la plus complète. On n'est pas encore bien fixé sur ce point ; mais quelques apiculteurs distingués, entre autres un abbé de mes amis, pensent qu'ils doivent, absorbant beaucoup de nourriture, donner de la chaleur, nécessaire au couvain, puisqu'ils sont nombreux à l'époque de l'année où il se trouve en plus grande quantité dans la ruche ; les abeilles, étant occupées dans les champs, ne peuvent être aussi assidues comme nourrices et couveuses. Du reste, Dieu n'a rien créé d'inutile.

Il faut à l'abeille mâle 24 jours pour devenir, d'œuf, insecte parfait. Les bourdons se gorgent de miel, qu'ils ne prennent même pas la peine de recueillir ; dans le milieu de la journée, et il faut qu'elle soit bien ensoleillée, ils s'ébattent devant la ruche en faisant entendre de joyeux bourdonnements, et prudemment ils rentrent vers les trois heures de l'aprèsmidi, car ils sont très sensibles au froid.

Ils n'ont pas d'aiguillon ; ce sont de beaux messieurs nés pour la table et pour la promenade. Il n'en faut qu'un pour s'unir à la reine, et il en naît parfois des centaines et des milliers dans les ruches.

Aussi, au mois d'août, lorsque la température fait sécher le nectar dans les fleurs et que les récoltes en miel menacent de diminuer, les abeilles, comme autant de justicières, mettent ces gros gourmands à mort ; elles les piquent de leurs dards, se réunissent à plusieurs pour les entraîner hors de la ruche, les empêchent de rentrer le soir afin que le froid les saisisse ; le lendemain et les jours suivants, le devant des ruches est jonché de leurs cadavres que les oiseaux et d'autres petits animaux cachés dans l'herbe se chargent de faire promptement disparaître. Vous allez me faire une réflexion très juste, je l'entends. Pourquoi tant de bourdons naissent-ils dans chaque ruche, puisqu'un seul est nécessaire ? Ils doivent devenir onéreux et coûteux pour l'apiculteur comme pour les abeilles ; n'en pourrait-on pas réduire le nombre ? Cette juste réflexion a été faite depuis longtemps. Nos villageois, avec leurs ruches de paille, sont de cet avis, puisqu'ils ont la précaution de retrancher à l'aide d'un couteau bien tranchant les portions de rayons qui contiennent des bourdons près d'éclore ; ils jettent ces débris hors de la ruche. C'est un moyen, mais il est bien imparfait. Lorsque nous aborderons l'article Cire, vous verrez la manière de les éviter et de les avoir en petit nombre.

Etant initiés aux mœurs des abeilles, examinons la manière de les multiplier, et voyons ce qu'on entend par essaim.

Lorsque la population est trop nombreuse dans une ruche et que l'habitation devient trop étroite, ce qui arrive ordinairement au printemps, il se détache de cette ruche un assez grand nombre d'abeilles, parfois plus de la moitié, qui entraîne l'abeille-mère pour aller fonder une nouvelle colonie. Ces merveilleux insectes ne partent pas au hasard : déjà, les jours qui précèdent la sortie en masse, les abeilles se sont lancées en éclaireurs, elles savent parfaitement où elles se dirigent. Chaque abeille emporte une provision avec elle ; elles n'imitent pas dans leur conduite les vierges folles dont parle l'Evangile : l'une a le jabot rempli de miel, l'autre a les pattes garnies de pollen, d'autres se munissent d'eau, de matières pour sécréter la cire afin d'édifier les premières fondations. Rien n'est oublié ; la plus grande prévoyance préside au départ. Ordinairement l'essaim quitte la ruche entre dix heures du matin et deux heures de l'après-midi ; elles choisissent généralement une belle journée ; quelques abeilles volent autour de l'habitation qu'elles vont quitter, d'autres les suivent ; enfin, le signal est donné, elles sortent en rangs si serrés du trou de vol qu'on dirait une matière coulante. Les abeilles volent dans l'air, se quittent, se rapprochent, paraissent indécises, et on les voit, au bout de quelques instants parfois très courts, se fixer à une branche d'arbre, à une perche, à l'angle d'un toit, en grappe compacte, et ne plus bouger (dans cette position elles se sont accrochées aux pattes les unes des autres). On dit alors : l'essaim est fixé. L'apiculteur le recueille, c'est-à-dire le fait tomber dans une ruche en paille où il doit demeurer, s'il est fixiste ; ou, s'il est mobiliste, il le fera tomber de la ruche en paille dans une ruche à cadres.

Il arrive assez souvent que l'essaim, après avoir voleté, tourbillonné en tous sens, prend tout d'un coup une direction inattendue et part comme un éclair pour disparaître complètement aux yeux de l'observateur ébahi. Sa vitesse est si grande qu'il défierait à la course le cavalier le mieux monté. Ces abeilles ne sont pas perdues pour tous : elles s'arrêtent parfois dans un jardin où existe un rucher ; d'autres fois, elles se fixent à une branche d'arbre basse, où, fatiguées par l'espace qu'elles ont parcouru, elles stationnent souvent jusqu'au lendemain. Le premier essaim que j'ai possédé fut ainsi découvert par un villageois qui l'avait aperçu la veille et retrouvé douze heures après au même endroit.

Née à la ville et l'ayant habitée avant d'être définitivement fixée à la campagne, je ne pensais jamais posséder d'abeilles dans mon jardin. J'étais assez peureuse de leurs piqûres, et, lorsque je me vis propriétaire de cet essaim, chose si nouvelle pour moi, je me trouvai quelque peu embarrassée : avec un peu de courage, je me suis de plus en plus familiarisée avec elles. Elles m'ont souvent piquée dans le principe de leur culture. Ces piqûres faisaient enfler les parties de mon visage qui en étaient atteintes, et puis, il s'est fait une sorte d'inoculation de leur venin en ma personne, si bien qu'aujourd'hui la piqûre d'une abeille ne me cause plus d'enflure ; bien plus est cruelle celle de la guêpe. La piqûre de l'abeille passe pour un spécifique contre la goutte et le rhumatisme ; toujours est-il que certains apiculteurs l'affirment d'après leur expérience personnelle. Au risque de vous sembler un peu naïve, je vous dirai que bon nombre d'apiculteurs parviennent à un âge avancé. Est-ce parce qu'ils sont souvent piqués et qu'il y a vaccination? est-ce que ce venin serait favorable à la santé? ou encore est-ce la respiration de l'acide formique contenu dans les ruches, et que toute personne s'occupant d'abeilles aspire forcément en faisant les manipulations nécessaires dans un rucher?

Ces industrieux insectes sont, comme tout ce qui respire, sujets aux maladies :

La dysenterie, causée par le refroidissement ou une mauvaise nourriture donnée pendant l'hiver et au printemps; le mal est bientôt guéri si, par une belle journée, les abeilles peuvent s'ébattre au soleil ;

. Le vertige ; il arrive que certaines fleurs, telles que l'aubépine, le bleuet et même le tilleul, leur causent cette maladie ; elles ne volent plus, mais courent de tous les côtés et meurent dans des convulsions.

La plus terrible maladie qui puisse les atteindre est la loque ou pourriture du couvain ; c'est une maladie incurable. Lorsqu'une ruche en est atteinte, il faut immédiatement la détruire en la brûlant, car elle se transmet à toutes les ruches environnantes.

On pense que cette épizootie ne s'est manifestée en Allemagne, il y a quelque trente ans, qu'à la suite de l'alimentation des ruches de certains apiculteurs de cette contrée avec des miels provenant d'Amérique et qui étaient avariés.

Nous ne quitterons pas le sujet abeille sans vous dénoncer ses ennemis.

En première ligne, il faut placer l'homme, car il y a des gens qui pratiquent encore la méthode barbare de l'étouffage, système qui date de loin, puisque les Goths d'Espagne le pratiquaient déjà avant l'ère chrétienne Espérons que les imitateurs de ce peuple ignorant suivront désormais les méthodes nouvelles, qui consistent toujours à conserver les abeilles sans en détruire aucune.

Puisque nous commençons par les ennemis les plus forts, n'oublions pas l'ours ; dans les pays de montagnes, il est redoutable aux ruchers. Dès que son flair délicat l'a conduit près d'une ruche, il la renverse, dévore le miel et la cire avec délices, ne s'inquiétant nullement des aiguillons de toute la population en émoi, protégé qu'il est par son épaisse fourrure.

Il y a encore les souris et surtout les musaraignes ; ces petits mammifères s'introduisent facilement dans les ruches dont les ouvertures sont trop grandes, pour y manger la cire et le miel, et bien souvent y construire leurs nids.

La grenouille, le lézard, le crapaud sont des mangeurs d'abeilles; le crapaud affectionne en été le voisinage des ruches, et il gobe les pauvres mouches avec une adresse remarquable. Sa très grande utilité au potager lui fait pardonner cette gourmandise, et puis sa laideur demande bien une petite excuse.

Les charmantes mésanges, si pimpantes et si jolies, sont de vilaines petites mangeuses d'abeilles, et parfois elles se régalent d'une jeune reine sortant pour faire sa course nuptiale. Ce repas d'une seconde coûte cher à l'apiculteur ; c'est souvent la perte d'une ruche. Ces petites effrontées se tiennent en toutes saisons aux abords du rucher. On peut les éloigner en tirant de temps en temps des coups de fusil chargés de poudre, car, si elles dérobent quelques mouches à miel, elles détruisent leur bonne part d'insectes nuisibles.

Le pic-vert ou pivert attaque fréquemment les ruches situées aux abords des forêts en perçant les parois extérieures à l'aide de son bec dur et puissant, véritable tarière d'acier.

La guêpe emporte l'abeille, lorsqu'elle la rencontre en volant.

Le philanthe apivore, désigné en Allemagne sous le nom de loup des abeilles, est un insecte qui ne vit que de mouches à miel. Il les prend sur les fleurs pendant qu'elles butinent et les rapporte dans des galeries qu'il a creusées dans le sable au soleil, agissant en cela à la manière du féroce fourmi-lion.

On prétend que le philanthe existant en grande quantité dans un canton peut entraver la culture de l'abeille ; il est très commun en Allemagne.

Un papillon de la famille des lépidoptères, le beau sphinx Atropos, est un ennemi pour les ruches où il s'introduit pour y manger le miel et mettre les abeilles en terreur.

Ces pauvres abeilles ont aussi, de même que beaucoup d'animaux, des parasites qui vivent à leurs dépens ; l'insecte nommé pou des abeilles (Braula Cœca) en est un ; il ne paraît pas les incommoder beaucoup ; les vieilles reines et les vieilles abeilles en sont parfois couvertes ; sa grosseur, par rapport à celle de nos butineuses, est considérable ; elle égale celle d'un grain de millet.

Tous ces ennemis sont à craindre ; mais le plus redoutable pour l'abeille comme pour l'apiculteur est, sans contredit, le papillon désigné sous le nom de gallerie ou de fausse teigne, également de la famille des lépidoptères. Comme ce papillon est petit, il passe presque inaperçu pour les abeilles ; il s'introduit dans les ruches, profite d'un interstice, d'une ouverture mal bouchée de propolis pour s'y introduire et établir domicile au cœur de la place ; il dévore la cire, pond ses œufs dans des espèces de galeries couvertes qu'il a tissées d'un fil soyeux, si tenace que l'abeille ne peut le déchirer avec ses mandibules. La hideuse larve de cet insecte, se trouvant dans une sécurité absolue, se développe et sort pour causer de nouvelles déprédations ; les abeilles, impuissantes à conjurer ce fléau, abandonnent peu à peu leur demeure, la fausse teigne y règne en maîtresse absolue, la ruche est complètement perdue, et l'apiculteur voit se propager dans son rucher ce vilain papillon destructeur dont il a souvent bien de la peine à se débarrasser.

Le meilleur préservatif contre la fausse teigne consiste à n'avoir que des ruches populeuses et jamais orphelines.

LA RUCHE

Nous sommes en possession d'un essaim, il faut lui donner une habitation.

Nous avons, pour le faire, le choix de deux ruches : la ruche de paille ou primitive, et la ruche à rayons mobiles, ou ruche à cadres.

La ruche fixe ou de paille n'a sa raison d'être que pour les gens qui s'inquiètent peu de leurs abeilles, qui ont des ruches par routine et par habitude et qui raisonnent de la manière suivante : « Mon grand-père et même mon arrière-grand-père élevaient leurs abeilles dans des ruches de paille; ils s'en trouvaient bien, je fais de même. »

Demandez à ces braves gens ce qu'ils récoltent de miel par an, ils vous répondront de telle façon que vous en saurez autant après avoir causé une heure avec eux que si vous ne leur aviez rien demandé. Ils sont bornés dans leur entêtement; laissons-les avec leurs ruches antiques qui sont un livre fermé pour eux comme pour les autres, puisqu'ils ne peuvent voir ce qui se passe dedans : de là, le nom de fixisme donné à ce système; ce ne sont pas les ruches en paille ou villageoises qui ont fait faire le moindre progrès à la science apicole, croyez-le bien.

La ruche à cadres ou à rayons mobiles offre de tels avantages que bientôt elle sera adoptée partout; avec elle, on peut toujours examiner les abeilles. Pour retirer le miel des anciennes ruches, on asphyxiait les abeilles, on brisait les rayons, ces rayons qui demandent tant de temps, de miel et de cire aux laborieuses abeilles; quelques apiculteurs, entichés de cette ancienne ruche, n'asphyxient pas leurs mouches, ils les font passer, par une méthode qu'on appelle transvasement, dans une ruche vide; de cette manière, ils conservent la colonie.

Avec les ruches à cadres mobiles, on enlève le miel quand on veut, après une récolte abondante sur les fleurs de tilleul, de sainfoin ou d'acacia. On rend les rayons aux abeilles après en avoir extrait le miel; les abeilles remplissent de nouveau ces rayons si la saison est favorable. Les recherches sur la reine sont faciles; chose presque impossible dans la ruche en paille ou villageoise. On peut se rendre compte si elle est bonne pondeuse, examiner la marche du couvain, restreindre la production des bourdons, en se préoccupant de la limiter dans une certaine proportion, puisque quelques apiculteurs reconnaissent leur utilité; c'est le cas de vous entretenir d'une invention qui a fait le plus grand bruit dans le monde apicole.

En 1857, un nommé Jean Mehring, bavarois, inventa une presse pour faire des espèces de plaques ou gaufres de cire très minces, reproduisant la cellule à six pans de nos travailleuses : c'était en quelque sorte une impression rudimentaire de ces alvéoles. Fixés aux cadres, ces rayons artificiels, continués avec une grande régularité par les abeilles, devenaient pour elles une économie de temps. L'apiculteur, en plaçant dans ses ruches des cadres à cellules d'ouvrières, limitait ainsi la production des faux bourdons; aussitôt ces gaufres de cire mises dans les ruches, les abeilles les allongeaient, les remplissaient de miel, de pollen ; la reine y déposait ses œufs; cette rapidité d'exécution dans tous ces travaux si divers doublait les profits pour l'apiculteur.

La facilité avec laquelle on exécute tous ces déplacements avec l'aide des cadres mobiles a fait donner le nom de mobilisme à ce système.

Nos voisins d'outre-Rhin adoptèrent de suite cette méthode; en France, on attendit quelques années pour le faire. Bien nous en prit, car l'Amérique, cette patrie des machines, s'en mêla et nous envoya, en 1868 ou 1869, une presse à cire qui ne laissait plus rien à désirer. Jean Mehring était surpassé ; mais il avait donné, le premier, l'idée ingénieuse de la presse à fondation, c'est ainsi qu'on nomme la cire en gaufres, il a fait faire un immense pas à l'apiculture mobiliste.

Tous les cultivateurs d'abeilles étaient dans la joie et chacun s'empressait de se procurer cette cire gaufrée chez les fabricants qui s'en occupaient. Il fallait, pour faire la récolte du miel, briser ces beaux rayons ou les laisser fondre au soleil ou au four, suivant la manière d'extraire le miel; on déplorait la destruction de ces beaux rayons sans pouvoir y remédier, lorsque le hasard, qui ne raisonne pas mais qui aide le chercheur, se chargea de le démontrer.

En 1865, le major autrichien Francesco de Hurschka, grand amateur d'abeilles, retiré à Dolo, près Venise, donna, un jour, en faisant la récolte du miel dans une ruche, quelques morceaux de cire remplis de ce nectar à son fils, jeune enfant de 10 ans ; ces morceaux de cire en rayons étaient sur une assiette, et l'assiette dans un panier ; l'enfant fit tourner le panier autour de lui, comme si c'eût été une fronde, et lorsqu'il voulut goûter à ces rayons, ils étaient vides, il retourna vers son père pour lui faire part de sa déconvenue. Husrchka fit alors la réflexion que le miel avait été projeté hors des alvéoles par le mouvement, et en conclut qu'on pourrait vider les rayons par la force centrifuge ; le mello-extracteur était trouvé par un enfant inconscient.

Cette découverte fut proclamée merveilleuse et adoptée par tous les apiculteurs intelligents de tous les pays ; comme l'invention de la cire gaufrée, elle faisait faire un pas de géant dans les deux mondes à l'apiculture mobiliste.

Nous allons vous décrire les quelques instruments indispensables à tout apiculteur, qu'il soit fixiste ou mobiliste.

Un bon soufflet pour envoyer de la fumée aux abeilles avant chaque opération, quelle qu'elle soit ; il y en a de plusieurs systèmes, on n'a que l'embarras du choix.

Un voile coulissé en haut et en bas, qu'on fixe à son chapeau, et qu'on serre autour du cou.

Des gants : on dit que le véritable apiculteur n'en met jamais ; cependant, les novices feront bien d'en porter pour faire quelques manipulations aux ruches, avant d'être complètement aguerris.

Les apiculteurs mobilistes savent parfaitement qu'il faut un chevalet, un couteau spécial pour désoperculer les rayons de miel, (c'est-à-dire enlever la mince couche de cire dont les abeilles recouvrent leur produit) avant de les passer au mello-extracteur.

Enfin, un mello-extracteur ; ils sont bien perfectionnés aujourd'hui, et si le regretté major Francesco Hurschka revenait en ce monde, il demanderait ce qu'est devenu le sien.

FLEURS.

Nos butineuses se nourrissent du suc des fleurs ou nectar. La quantité que les fleurs donnent, varie considérablement ; quelques-unes, à de certaines époques, en débordent, tandis que d'autres en sont toujours peu fournies ; la duplicature semble faire perdre le nectar aux fleurs. M. de Layens a dressé par mois une liste des plantes vivaces les plus mellifères de France, et qu'il est bon de planter aux alentours du rucher.

D'après nos remarques particulières (et nous cultivons les abeilles depuis longtemps), nous les avons vues très rarement butiner sur les ombellifères, excepté sur le panais et l'angélique ; elles fuient la ciguë, l'éthuse fétide, le fenouil et la carotte.

Elles fréquentent avec activité les arbres à floraison précoce, sur lesquels elles trouvent en abondance le pollen, si nécessaire à cette époque de l'année pour nourrir leurs larves, tels que coudriers, saules Marsault et autres, noyers, aulnes, charmes et bouleaux, en général, les arbres à fleurs en chatons (fleurs mâles).

Elles visitent les crucifères avec ardeur ; dans les contrées où le colza se cultive, il leur procure d'abondantes récoltes printanières.

Les légumineuses, acacia, haricots, les marronniers, le chêne, le tilleul, le tulipier, l'arbre de Judée, tous les arbres fruitiers leur fournissent du nectar en grande quantité; mais le pommier surpasse tous les autres arbres.

La dent-de-lion nommée vulgairement pissenlit, qui s'épanouit immédiatement après les rosacées, peut être mise au nombre des plantes les plus mellifères; elle abonde aux environs de Genève (1).

Une petite plante croissant partout spontanément, le trèfle blanc, est d'une grande ressource pour les abeilles. Aux Etats-Unis, on la considère comme indispensable pour les ruchers; le miel qui en provient est très blanc et très fin.

Le sainfoin ou esparcette est une plante extra-mellifère. Dans les pays où on la cultive en abondance, on peut se livrer grandement à la culture de la mouche à miel.

Les mélilots jaunes et blancs, — leur nom l'indique, — donnent beaucoup de miel; les sauges, les plantains, les chicorées, les menthes, le réséda, les fleurs des prairies naturelles, les ronces, et surtout les framboisiers, fournissent beaucoup de nectar, et par conséquent un miel abondant et de première qualité.

Dans l'arrière-saison, nos butineuses sont infatigables sur les fleurs du sarrasin et de la bruyère; mais le miel que ces deux plantes fournissent n'a ni la couleur, ni la saveur des miels récoltés sur les plantes ci-dessus désignées.

J'arrête ici la nomenclature des plantes mellifères. En terminant, je vous prierai de faire une remarque, vous serez à même de juger si elle est juste : il me semble que plus les fleurs sont petites, plus nos butineuses les visitent; est-ce qu'elles contiendraient plus de nectar que des fleurs plus grandes? Pourquoi cette préférence bien marquée? C'est ici le cas de vous démontrer que, sans le concours de l'abeille, beaucoup de fleurs de nos arbres fruitiers et d'autres plantes utiles et indispensables en grande et en petite culture resteraient stériles; l'abeille, en s'introduisant dans les fleurs, aide puissamment avec son corps velu, à la fécondation des plantes, en transportant le pollen des unes sur les stigmates des autres; inconsciente, il est vrai, elle n'en reste pas moins la créatrice d'une foule de variétés de plantes et facilite la réussite des fruits.

Il y a des fleurs dont la fécondation deviendrait impossible sans le secours de l'abeille. Longtemps, les vanilles cultivées dans les serres chaudes demeurèrent stériles, car l'hyménoptère qui assure leur fécondation au Mexique ne les avait pas suivies; des jardiniers hollandais essayèrent de pratiquer, à l'aide de pinceaux très fins, la fécondation artificielle; les vanilles donnèrent des gousses mûres et parfumées, on avait trouvé le moyen de les féconder, en imitant l'insecte.

Les vanilles d'Haïti ne rapportèrent des fruits et leurs graines qu'après l'introduction des abeilles dans cette île.

La Normandie et le sauvage pays d'Armor produisent énormément de pommes tous les ans; on attribue cette production abondante aux abeilles répandues en grand nombre dans ces deux provinces.

La statistique agricole le prouve. Autrefois, quand la culture des abeilles y était plus rare, on faisait monter, au moment de la défloraison

---

(1) Certains apiculteurs, et notamment Bertrand, croient que la fleur de dent-de-lion donne le mal de mai aux abeilles, lorsqu'elles ont butiné sur cette fleur après une gelée. (Note de la Section).

des pommiers, de vigoureux gars dans le corps des arbres, ils secouaient à tour de bras les branches pour que la poussière fécondante pût se répandre sur toutes les fleurs ; les abeilles aujourd'hui se chargent de cette besogne dans les beaux vergers de Normandie et dans les champs de Bretagne.

Vous voyez par là, Mesdames et Messieurs, le rôle indispensable des abeilles dans l'harmonie de la création ; il faudrait que bon nombre de ruches fussent disséminées partout dans les champs, non seulement pour le produit du miel et de la cire, mais parce qu'elles sont les auxiliaires indispensables d'une fonction végétale de premier ordre : la fécondation des plantes.

MIEL

Comme nous l'avons dit précédemment, la culture des abeilles est aussi ancienne que le monde ; de même, le mot miel se trouve dans toutes les langues aryennes.

Ce n'est pas simplement le suc des fleurs ou nectar que les abeilles récoltent pour le transporter dans leur ruche : elles lui font subir une certaine transformation dans leur estomac, où le nectar devient miel.

Dès que l'homme eut goûté le miel, il l'aima, cultiva les abeilles, ou se fit chasseur de miel.

Le miel a de tout temps été employé en médecine et dans les usages domestiques ; on s'en sert journellement dans la médecine vétérinaire ; il passe avec raison pour adoucissant et rafraîchissant. La pharmacie le fait entrer dans plusieurs préparations bien connues, on obtient ainsi le miel rosat, le miel violat, suivant que le mélange contient des roses ou des violettes ; le miel scillitique et autres, l'oxymel, mélange de miel et de vinaigre, etc., etc.

Il y a des miels de différentes nuances : celui qui est recueilli en Italie, en Sicile, et dans les pays où fleurissent les orangers, les citronniers est d'un blanc d'ivoire et d'un arome très délicat. Celui de France est d'un jaune plus ou moins foncé, suivant les fleurs qui le produisent ; en Bretagne, il est d'un roux foncé, coloration due au sarrasin et à la bruyère abondants dans cette contrée, il est sans parfum, peu flatteur à l'œil, on l'emploie surtout en médecine vétérinaire. Les miels du Chili et de Madagascar sont verdâtres, celui de Cayenne est rougeâtre.

Ceux du mont Ida, en Crète, de l'Hymette, dans l'Attique. doivent leur goût exquis aux labiées qui couvrent ces montagnes ; celui du Gâtinais a acquis son ancienne renommée grâce au romarin qui escalade ses collines, et celui de Provence le doit à la lavande. Le miel des Alpes est d'une délicatesse extrême : les abeilles le récoltant sur une variété innombrable de fleurs qui croissent dans les vallées et les montagnes de ce pays accidenté.

Cardan, qui vivait au XVIe siècle, prétendait que le miel des pays chauds était plus parfumé que celui de nos régions, et cependant qu'y a t-il de plus délicieux que le miel de sainfoin, de tilleul ou de réséda ?

On a profité de cette facilité de faire produire aux abeilles du miel acquérant l'arome des fleurs sur lesquelles elles le récoltent, pour leur faire fabriquer des miels médicinaux ; on mêlait des substances médicamenteuses à du sirop de sucre, on leur donnait cette nourriture ainsi préparée de façon qu'elles puissent l'absorber et la transformer en miel.

Un pharmacien dont j'ignore le nom s'était occupé de ces expériences.

Elles ont sans doute été abandonnées, car depuis quelques années nous n'en avons plus entendu parler.

La nature des plantes dont les abeilles extraient le suc, exerce une influence très marquée sur le miel, qui peut alors avoir une action mauvaise et délétère.

L'historien Xénophon raconte que les Grecs à la solde de Cyrus le Jeune revinrent dans leur patrie après la bataille de Cunaxa. Ils traversèrent toutes les provinces de l'empire d'Artaxercès et trouvèrent dans la Colchide beaucoup de ruches dont ils mangèrent les gâteaux de miel. Tous les soldats qui en firent usage vomirent, eurent le délire et ne pouvaient plus se tenir sur leurs jambes ; ils ressemblaient à des furieux, on les voyait étendus à terre comme après une défaite.

Personne n'en mourut, et les accidents cessèrent à peu près à la même heure où les soldats avaient la veille absorbé ce miel. Xénophon ne dit pas quelle pouvait être la cause qui avait ainsi rendu ces soldats malades si subitement ; les anciens ignoraient bien des choses de l'art apicole.

Le botaniste Tournefort, qui visita ces contrées en 1690 quand il fit un voyage dans le Levant, a attribué cet accident à l'azaléa pontica qui croît en grande abondance dans les montagnes de ce pays. Encore aujourd'hui, on voit se reproduire les mêmes accidents en Mingrelie ; certains rhododendrons et un arbuste de la même famille, le kalmia, rendent le miel vénéneux.

Gallien cite dans ses œuvres deux médecins de Rome empoisonnés par du miel dont on leur avait fait présent.

On rapporte le fait de deux pâtres suisses, morts pour avoir mangé du miel recueilli par les abeilles sans doute sur l'aconit Napel, très abondant dans certaines régions alpines.

De même que les plantes vénéneuses donnent du miel dangereux, de même le bon miel se reconnaît suivant l'époque de la floraison de certaines plantes.

Les marchands de pains d'épices de Reims et autres lieux de fabrication distinguent très bien les miels du printemps récoltés sur les fleurs du saule Marsault, de celui de l'automne recueilli sur le sarrazin.

Dans les Pyrénées-Orientales, le miel d'août butiné dans les prairies hautes ou Albères composées de fleurs extrêmement aromatiques, est délicieux, tandis qu'à Rivesaltes, il est moins bon, les abeilles le récoltant sur les genêts et autres légumineuses.

On comprendra facilement pourquoi, de temps immémorial, les apiculteurs ont fait voyager leurs abeilles pour leur faire faire des récoltes successives suivant l'époque d'épanouissement de certaines plantes.

Columelle, qui fut l'Olivier de Serres du premier siècle de l'ère chrétienne, dit que les Grecs transportaient, chaque année, leurs ruches de l'Achaïe dans l'Attique.

Les Egyptiens faisaient voyager leurs ruches dans des bateaux sur le Nil, séjournant aux bords de ce fleuve suivant le plus ou moins de fleurs qui s'y trouvaient.

L'abeille, dans ses courses pour aller à la recherche des fleurs, ne parcourt, d'après certains observateurs, que de 4 à 6 kilomètres.

De nos jours, on opère encore le déplacement des abeilles dans les Alpes, le Gâtinais et la Sologne.

Dans ces pays, on fait la récolte du miel en été, et on transporte les ruches en automne sur des chariots afin qu'elles puissent refaire leurs provisions d'hiver.

Quand on établit un rucher, il faut se rendre compte de la flore de la contrée, s'il y a des prairies naturelles, artificielles, des bois.

C'est en raison de la floraison de certaines fleurs qu'on récoltera plus ou moins de miel; parfois la qualité remplacera la quantité.

Ainsi, en Bretagne, où les récoltes sont abondantes, le miel est peu estimé à cause du sarrasin; il en est de même dans les Landes, car elles possèdent de la bruyère en grande quantité.

C'est pourquoi un rucher ne s'établit pas à la légère et sans réflexions; avec les ruches à cadres ou mobiles, on a moins de mécomptes, puisqu'on peut faire travailler les abeilles presque à son gré, c'est-à-dire qu'on peut faire la récolte du miel aussitôt qu'on en aperçoit dans les ruches et leur laisser les produits inférieurs qu'elles récoltent en automne pour leur nourriture en hiver; car les abeilles, quand la récolte n'a pas été abondante, ont besoin de recevoir un surplus que l'apiculteur sait leur donner en temps et époques favorables, soit à l'automne, soit au printemps.

A ce propos, je vais vous faire part d'une pratique très ingénieuse qui aura peut-être plus tard des imitateurs. Un chimiste des plus distingués de Saint-Quentin (Aisne), voyant ses abeilles presque sans provision pour passer l'hiver, (beaucoup de personnes se trouvent cette année, hiver 1895, dans le même cas), a imaginé de leur donner comme nourriture de la masse cuite ou jus de betterave de premier jet très concentré et très réduit; nos petites butineuses l'ont acceptée jusqu'a présent, sans grand plaisir peut-être, mais en ont néanmoins consommé déjà une partie. Reste à savoir si, au printemps, cette ruche se trouvera en aussi bonne santé que ses voisines, nourries avec du sirop de sucre ou du miel.

Pour récolter le miel, anciennement dans les ruches villageoises, on exposait les gâteaux à la chaleur du four ou au soleil; le miel qui en découlait, sans pression, se nommait miel vierge : c'était la première qualité. Ensuite, en exprimant les gâteaux et en les soumettant à une chaleur plus forte, on obtenait les miels inférieurs; après quelques jours de repos, les impuretés du miel remontaient à la surface, on les écumait et on plaçait les pots remplis de miel dans un lieu sec; à cette époque, on ne connaissait que les vases de grès, aujourd'hui on préfère ceux en verre comme étant plus favorables à la conservation du miel.

Pour faire la récolte des ruches à cadres ou mobiles, on a maintenant la petite machine centrifuge nommée mello-extracteur. On prend chaque rayon qu'on a désoperculé auparavant, c'est-à-dire qu'avec un couteau spécial à lame très mince on a retiré le petit couvercle de cire dont les abeilles ferment les cellules remplies de miel; on place les rayons ainsi préparés dans les cases du mello-extracteur, et, en mettant l'appareil en marche, on imprime par là un mouvement de rotation plus ou moins rapide qui suffit pour expulser le miel des alvéoles; le miel s'écoule par un orifice placé dans le fond du mello-extracteur, on le recueille dans des terrines sur lesquelles on a posé de fins tamis, et le produit est d'une pureté remarquable; on peut le mettre de suite dans de petits pots en verre beaucoup plus agréables pour la vente en détail, l'acheteur pouvant ainsi se rendre compte de la couleur et de la qualité du produit.

On falsifie le miel pour le rendre plus blanc, soit avec de la farine, soit avec de la craie de Briançon. On découvre facilement l'adjonction de ces matières en faisant dissoudre le miel dans de l'eau : celle-ci se trouble, et les matières ajoutées tombent dans le fond du vase.

On donne aussi un goût parfumé au miel qui n'en a pas en le faisant couler, aussitôt extrait, des rayons sur des plantes aromatiques, romarin, thym, marjolaine et autres labiées; parfois on y ajoute un peu de fleur d'oranger très concentrée.

Les juifs de l'Ukraine font blanchir le miel en l'exposant à la gelée pendant quelques semaines dans des vases opaques, mauvais conducteurs de la chaleur; il acquiert ainsi une très grande blancheur.

C'est avec le miel ainsi modifié que sont édulcorés la liqueur de Dantzig, le marasquin de Zara et le Rosoglio.

Avant la découverte de l'Amérique, l'ancien continent faisait une grande consommation de miel dans tous les usages de la cuisine, et on appela pendant de longues années le produit de la canne à sucre qui venait du Nouveau-Monde sous forme de petits grains, miel de roseau, et la canne à sucre, roseau à miel; on était en défiance contre ce nouveau produit qui resta longtemps dans les officines des couvents et des pharmacies.

Le miel entre dans la fabrication des pains d'épices et d'autres pâtisseries; pour se rendre compte du parti qu'on peut tirer du miel dans un ménage, laissez-moi, surtout vous, mesdames, vous engager à lire l'intéressant opuscule : le Miel, par l'abbé Voirnot, curé à Villers-sous-Prény, (Meurthe-et-Moselle).

Les Grecs et les Romains attribuaient toutes sortes de vertus au miel, ils pensaient qu'il entretenait la santé et la gaieté jusque dans un âge très avancé; peut-être n'avaient-ils pas tout à fait tort. Les médecins allemands le prescrivent aujourd'hui comme remède à une foule de maladies. Ils avaient, comme tout le corps médical de chaque pays, abandonné son usage; pourquoi y sont-ils revenus? que nos docteurs français y réfléchissent; nos grands-parents, et ce temps n'est pas si éloigné de nous, avaient conservé l'habitude de se servir du miel dans bon nombre de cas, je pense qu'ils n'agissaient pas à la légère. Je laisse ces réflexions au jugement de mes. auditeurs.

Les Romains se servaient du miel pour corriger l'âpreté de certains vins; en Grèce, on l'associait au vin en assez grande quantité pour en obtenir un produit qui se nommait œnomel.

On prétend que quelques fabricants de vin de Champagne mêlent du miel à leur jus de vigne en remplacement du sucre candi; c'est, dit-on, un secret de fabrication.

Dans tout l'Orient, la Grèce, la Sicile, l'Italie et l'Espagne, on ajoute toujours du miel au vin, de quelque qualité qu'il soit.

Le miel conserve parfaitement les fruits : coulez du miel liquide dans un bocal rempli de fruits sains et fraîchement cueillis, abricots, pêches ou raisins, bouchez ce bocal avec un parchemin; vous retrouverez ces fruits avec leurs couleurs vermeilles et une saveur remarquable après une ou deux années de conservation.

Autrefois, on délayait du miel dans de l'eau, on le laissait fermenter, et on obtenait une boisson d'un usage général, qu'on nommait hydromel; l'hydromel était la boisson favorite des grands seigneurs du moyen-âge, des nobles dames, il coulait à flots dans les festins; le peuple en faisait également usage. Il y en avait de plusieurs espèces, suivant la manière de le fabriquer; plus il était vieux, meilleur il était; les différentes recettes pour le faire ne sont pas toutes parvenues jusqu'à nous.

Déjà, sous le règne de Charles VIII, après la longue et brillante guerre que la France fit à l'Italie, le vin de ces contrées remplaçait l'hydromel sur les riches tables françaises. Le séjour de François Ier en Espagne, lorsqu'il était prisonnier de Charles-Quint, acheva de mettre à la mode les vins de cette contrée dans les palais et les châteaux. La descendante des marchands florentins, l'habile et dissimulée Catherine de Médicis qui régna d'une manière occulte sur notre beau pays, et fit couler des flots de sang, élevait à ses lèvres, de sa blanche main dont elle était si fière, la coupe de vermeil remplie de vin d'Italie ou de Sicile; l'hydromel était tombé dans l'oubli le plus complet; la cour élégante et efféminée des Valois ne le connut même pas.

Le Béarnais, dès sa naissance, goûta au vin de Jurançon; la vigne existait à cette époque, en grandes plantations sur tout le territoire français, l'hydromel n'était plus pour quelques personnes et pour quelques provinces qu'une recette familiale.

La Pologne n'en a jamais perdu l'usage, et la Lithuanie fournira toujours du miel.

On parle beaucoup aujourd'hui des meilleures méthodes pour fabriquer les hydromels, les eaux-de-vie de miel, les liqueurs au miel, toutes boissons saines et naturelles qui, une fois entrées dans le domaine public et dans la consommation journalière auraient bientôt conquis droit de cité; quel effet produiraient ces paroles lancées par une personne du monde en vue, dans les salons du Café Riche, de la Régence, ou du café Procope : « Garçon, un verre d'hydromel, et du plus vieux!... »

Rien que par curiosité ou par imitation, on voudrait y goûter et se rendre compte de cette boisson nouvelle, et cependant bien ancienne; et il se pourrait que les mauvais liquides, trop en renom malheureusement, absinthe, vermouth, madère et tous les amers plus ou moins Picon, allassent rejoindre dans l'oubli la cervoise et l'hypocras qui n'étaient cependant pas pernicieux comme eux.

Il est vrai de dire que peut-être, par suite de l'abandon de ces fatales boissons, les établissements d'aliénés seraient plus au large et que moins de cas de folie causés par l'alcoolisme y seraient admis. La décroissance de ces hôpitaux de la démence serait un bien; l'argent qu'ils coûtent à leur département pourrait être employé à subventionner d'autres institutions charitables, et le moral de tout un peuple y gagnerait. Je livre ces réflexions à votre jugement.

On peut dire, et cela sans conteste, que c'est M. de Layens, philanthrope autant que savant, qui a, par ses écrits et surtout ses exemples, ressuscité l'hydromel. Hommage à cet homme de bien, qui, digne de hautes récompenses, n'aspire qu'à une seule chose dans sa modestie : être utile à tous! Telle est sa devise.

LA CIRE.

Il y a encore un produit important dans une ruche, c'est la cire; elle a son origine dans le miel absorbé par les abeilles, et transformé par elles en matière grasse par des phénomènes de digestion et de sécrétion.

Les anciens apiculteurs croyaient que les abeilles récoltaient la cire toute faite sur les plantes.

Huber n'ignorait pas l'origine et la formation de la cire (déjà en 1691, cette découverte avait été mentionnée par un anglais, John Martin.)

Cette substance, indispensable aux abeilles, puisqu'elle sert de berceau au couvain, de magasins à provisions et de réservoirs à miel, est sécrétée par les abeilles dans l'intérieur de la ruche.

La cire est sécrétée par quatre paires de petites poches situées sous les anneaux de chaque côté de l'abdomen : ces petites écailles sont si minces et si légères que le Dr Dubini a dit qu'il en fallait 100 au moins pour peser autant qu'un grain de blé; elles affectent la forme d'un pentagone irrégulier.

Lorsque la cire est formée, chaque abeille transporte sa lamelle entre ses mandibules, et semble aussi occupée qu'un charpentier portant une planche. Arrivée à la cellule en construction, l'abeille pose la lamelle et l'appuie contre le rayon ; une autre vient et la remplace, ainsi de suite, et le rayon est construit.

Il y a des cires de différentes nuances et la cire sert à beaucoup d'usages : il y a la cire blanche qui est celle dans laquelle le couvain n'a pas éclos, celle qui n'a contenu que du miel : on l'appelle cire vierge.

La jaune est la cire qui a contenu le couvain, ou qui est restée deux ou trois années dans la ruche. On la fait fondre dans l'eau bouillante, on la passe, et on la coule dans des vases de terre vernissés en dedans ; elle sert dans les arts, dans la pharmacie ; chacun sait qu'elle donne du brillant au bois, aux parquets, aux meubles.

Parfois, la cire est plus ou moins foncée en couleur, cela tient beaucoup à la manière dont elle a été fondue.

La cire était connue des la plus haute antiquité : on sait que les Romains se servaient, pour écrire, de tablettes enduites d'une légère couche de cire.

Les peuples anciens savaient que la cire ne pourrit pas, ils s'en servaient pour embaumer leurs morts. Alexandre le Grand fut, dit-on, embaumé avec de la cire.

On fabrique avec ce produit purement animal, des cierges, des bougies; depuis quelques années, on reçoit du Brésil une cire végétale fournie par un arbre nommé copernicia cerifera. Il y a aussi plusieurs espèces de cires minérales ; leur analyse est presque identique à celle de la cire d'abeilles, sans cependant pouvoir complètement la remplacer dans certains cas.

Le grand et sympathique empire qui nous a offert si généreusement le secours de son bras et qui considère maintenant la France comme une sœur, élève une grande quantité d'abeilles sur l'immense étendue de son territoire, partout où cet élevage est possible ; c'est que, pour les cérémonies du culte grec, la stéarine est proscrite, les popes ne devant se servir que de cierges de cire.

Nous allons mettre sous vos yeux les noms des départements qui se livrent à la culture des abeilles ; nous aurions voulu vous dire ce qu'il existait dans ces départements de ruches en paille ou villageoises (système fixiste) et de ruches à cadres (système mobiliste), afin que vous puissiez vous rendre compte qu'en apiculture, comme en beaucoup d'autres choses, le progrès est toujours lent; nous ne pourrons vous indiquer cette comparaison que pour le département de l'Aisne.

STATISTIQUE APICOLE.

Le Morbihan possède......................	77,990	ruches.
Le Finistère —	70,200	—
La Manche —	69,311	—
L'Ille-et-Vilaine —	53,833	—
Les Landes —	44,300	—
La Corrèze —	33,956	—
L'Aisne —	30,000	—

Pour le département de l'Aisne, on compte 28,000 ruches en paille et seulement 2,000 ruches à cadres. Avant l'établissement d'une société d'apiculture, il n'y avait des ruches à cadres que chez quelques amateurs ; la Société nommé l'*Abeille de l'Aisne* a l'avantage de posséder un secrétaire infatigable et très dévoué ; il est digne de donner la main à M. de Layens;

je sais qu'ils se comprennent, les grands cœurs se recherchent et s'entendent toujours.

Un éminent sénateur, qui fut préfet de notre beau département pendant de longues années et qui y a laissé tant de sympathiques amitiés, a généreusement subventionné notre nouvelle société d'apiculture, car il en a parfaitement compris le but; nous espérons que son exemple trouvera des imitateurs.

PRODUIT DES RUCHES.

Il y a encore la question du produit d'une ruche, et on se demande bien souvent, quelle est celle qui rapporte le plus. Cette question sera vite résolue.

Avec la vieille ruche de paille, il faut compter, bon an mal an, c'est-à-dire une année dans l'autre, 5 francs de produit par ruche; tandis qu'avec les ruches à cadres, suivant la flore du pays, et beaucoup en raison de la capacité de l'apiculteur, une ruche de cette sorte doit rapporter entre 25 et 40 francs par an. Vous m'objecterez que la ruche de paille coûte bon marché, qu'il n'y a presque pas besoin d'outillage avec elle; que la ruche à cadres, avec tous les instruments nécessaires pour son emploi, se trouve coûter beaucoup plus cher; j'en conviens avec vous. Malgré toutes les objections, soyez convaincus que le système mobiliste détruira presque entièrement le fixiste dans quelques années, car les sociétés d'apiculture répandront partout la lumière et le progrès.

Nous ne quitterons pas ce petit chapitre des produits, sans vous mettre sous les yeux, non des lois concernant les abeilles, mais plutôt des habitudes auxquelles il faut se soumettre.

Ainsi, lorsqu'un propriétaire de ruches voit un essaim sortir de l'une d'entre elles et s'envoler, il peut, s'il l'a suivi jusqu'à l'endroit où il est fixé, le réclamer au propriétaire de ce jardin; s'il est fixé depuis une heure ou deux, il n'est plus en droit de le faire; il fallait le suivre; d'autre part, on sait bien qu'on peut s'arranger amiablement.

Il y a également à observer raisonnablement les distances entre voisins pour établir un rucher, et surtout le mettre loin du passage des animaux domestiques, chevaux, bestiaux, etc.

Le vol des ruches est sévèrement puni.

Je termine, mesdames et messieurs, ce petit traité sur les abeilles en vous priant de nous imiter et de faire partie d'une société d'apiculture. Plus ces utiles institutions seront nombreuses, plus on parlera des abeilles, et vous savez tous que souvent parler d'une chose et faire un certain bruit autour d'elle, c'est la mettre à la mode : en France comme dans d'autres pays, il n'en faut pas davantage pour la faire réussir.

Nous pensons que, si l'habitant des campagnes s'occupait d'une manière plus intellectuelle, il resterait plus volontiers dans son village; aujourd'hui, chacun se porte vers les grands centres, vers les villes, et bien souvent l'ouvrier n'y recueille qu'amères déceptions, sans compter qu'habitué qu'il était à l'air pur des champs, il va se renfermer dans des fabriques où l'air est vicié, ou dans d'étroits réduits qui lui servent de logement ainsi qu'à sa famille; en ville, il faut sortir, sa distraction est d'aller au cabaret le dimanche et les jours fériés; là, il fait de mauvaises connaissances, il entend des propos plus ou moins anarchistes, où, toujours, le bourgeois, le patron comme on le nomme, est traité d'oppresseur du travailleur, de l'ouvrier : heureux si, parfois, il ne s'associe pas avec ces mauvais sujets qui se disent les sauveurs du peuple, du prolétaire, et prêchent partout le désordre et la révolte pour les entraver dans leur travail et les en détourner.

C'est aux curés de campagne, aux instituteurs dans chaque commune, à donner le bon exemple; les enfants sont imitateurs et curieux; ils verront des abeilles chez M. le curé, chez l'instituteur, ils en auront une certaine crainte; mais, lorsqu'ils suivront de loin les opérations qu'on y pratique, ils voudront voir l'intérieur d'une ruche (car l'enfant aime par instinct à voir de près ce qu'on semble lui cacher), ils en approcheront, s'enhardiront, feront des questions, et, finalement, demanderont à aider dans les diverses manipulations, ils seront joyeux d'assister à la récolte du miel, car le miel plaît à l'enfance, son usage est salutaire. De là à devenir des apiculteurs quand ils seront hommes, il n'y a qu'un pas; est-il rien qui s'efface moins que les souvenirs de la première jeunesse? L'instruction se répandant de plus en plus, ils comprendront mieux la science apicole, feront partie de la société de leur canton et deviendront possesseurs d'abeilles. Je puis vous assurer qu'une fois qu'on en possède, on ne s'en défait jamais. Je vous disais, en commençant, que l'amour des abeilles devenait une passion, je pense ne m'être pas trompée.

Du courage, mettons-nous promptement à l'œuvre, surtout vous, Mesdames; qui est plus apte que vous pour comprendre et faire les manipulations délicates qu'exigent les ruches?

Nous devrions, nous, femmes de France, faire tous nos efforts, les concentrer même, pour remettre en usage et en vogue cet excellent produit qu'on nomme le miel; nous remplirions encore, en agissant ainsi, le noble rôle pour lequel Dieu nous a créées: veiller sur la santé de nos familles, et leur apporter le bien-être, je répète et redis de nouveau: *Sursum corda!*

VISITE DES RUCHES.

Cette conférence terminée sous le rapport théorique, je puis le dire, ne suffit pas pour nous initier aux diverses opérations qu'exige tout rucher bien conduit. Il y a, en premier lieu, la visite des ruches au début du printemps. Supposons que vous ayez constaté, en septembre, les ressources que vos abeilles possédaient en magasin pour passer l'hiver, qu'après la pesée de chaque ruche faite, vous ayez laissé la provision tout entière aux abeilles possédant de 12 à 15 kilos, et que les nécessiteuses aient reçu pour leur alimentation jusqu'à la fin d'avril de 8 à 10 kilos de miel, soit en les alimentant de suite avec cette quantité donnée en quelques jours pour que nos butineuses puissent l'emmagasiner, ce qui est toujours préférable à la nourriture donnée à de grands intervalles pendant l'hiver qui occasionne le déplacement des abeilles et refroidit l'intérieur de la ruche; supposons, dis-je, que toutes les précautions contre la famine aient été prises et que votre rucher soit en état de braver les intempérées, vous êtes rassurés sur son sort et pouvez attendre le printemps. Nous y voici; quelques sorties ont eu lieu au rucher; nos abeilles rentrent en petit nombre, il est vrai, à la ruche, avec de petites pelotes de différentes couleurs attachées à leurs pattes. C'est du pollen recueilli sur les chatons des coudriers, des aulnes, des charmes et autres arbres à floraison printanière. Dans quelques jours, nous serons en avril, les sorties deviendront plus nombreuses, le soleil se montrera plus chaud: profitons de ce beau temps pour faire une visite à l'apier; munis d'un soufflet, nous projetterons de la fumée aux abeilles; la fumée les rend craintives; par son emploi intelligent, vous les rendrez inoffensives; grâce à elle, vous pourrez opérer sans masque, dès l'instant que vos mouvements seront doux et mesurés.

Après avoir ouvert la ruche, vous en retirez les cadres un à un, en les examinant avec attention, et, si vous apercevez de trop vieux rayons, ce que vous reconnaîtrez à leur couleur brun foncé, vous les remarquez pour les remplacer, lorsque le moment sera venu, par de nouveaux rayons en cire gaufrée.

Pour les vieilles ruches en paille, vous retrancherez avec un couteau le bas des vieux rayons moisis ou trop noircis ; mais, si vous voulez m'en croire, jamais, au grand jamais, vous ne vous occuperez de ces incommodes ruches, qui ne méritent guère les soins qu'on leur donne; ne sont elles pas semblables à une bibliothèque fermée dont la clef serait perdue pour toujours?

Pendant la visite des rayons, rendons-nous compte de l'existence de la reine; elle y est, nous en sommes assurés en apercevant sur les gâteaux un petit rond de couvain operculé, petit rond surnommé rose de couvain par certains apiculteurs. Nous voyons, par la présence de ce couvain, que la ruche est dans un état satisfaisant, elle a une mère, une forte population, la plupart de ses gâteaux sont de couleur jaûne et en bon état, il y a encore du miel dans les cellules; l'existence de la colonie est assurée jusqu'au 1er mai, époque à laquelle les fleurs des arbres fruitiers donneront du nectar en abondance; refermons cette ruche, il est inutile de nous en inquiéter jusqu'à la saison des essaims.

Visitons, de suite, une ruche voisine qui pourrait bien, ce me semble, être orpheline, car, depuis deux jours que je l'examine, je vois les abeilles montrer peu d'activité, rentrer presque avec hésitation dans leur demeure, et n'avoir point de pollen aux pattes; ouvrons, avec précaution toujours, et en projetant de la fumée: cette ruche ne m'avait pas trompée; aucun indice marquant qu'elle possède une mère ; pas de couvain ; elle garde encore des abeilles, et ne manque pas de provisions ; que faudra-t-il faire? la réunir à une autre; je vous engage à demander dans cette occurrence des conseils à de plus savants que nous, et il n'en manque pas ; on vous indiquera la manière d'introduire une reine dans cette ruchée orpheline, ou le moyen de la réunir à une autre ruche.

Ouvrons cette troisième ; elle m'intrigue, nous y trouvons du miel; mais la maison est déserte, nous voyons quelques centaines d'abeilles étendues sans vie sur le plateau; pourquoi cette solitude? cet abandon? à quoi l'attribuer? C'est tout simplement une colonie qui s'est trouvée orpheline à l'automne ; ses abeilles auront déserté et se seront réfugiées chez leurs voisines; le peu de mouches restées dans l'habitation seront mortes de froid. Puisque les rayons sont en bon état, nettoyons-la ; et nous la rangerons dans un endroit à l'abri de la fausse teigne pour nous en servir en y logeant un essaim, lorsqu'ils apparaîtront.

Nous nous sommes rendu compte de l'état de nos ruches et pouvons, de pied ferme, attendre la bonne saison et les essaims.

N'oublions pas que, lorsque les ruchers ont besoin de nourriture, il vaut mieux la leur présenter en septembre, lorsque les abeilles peuvent encore l'emmaganiser, que pendant l'hiver, lorsqu'elles sont dans un état d'engourdissement et de torpeur.

Ne jamais donner de nourriture pendant le jour, attendre le soir; rétrécir les entrées pendant le nourrissement, ne pas l'oublier; composer un sirop avec 4 litres d'eau et 7 kilos de sucre, faire fondre, et laisser faire quelques bouillons; certains apiculteurs ajoutent à ce sirop une poignée de sel; on donne la nourriture froide; chaque système de ruche ayant son nourrisseur spécial, nous n'avons rien à indiquer, ni à conseiller sur ce sujet.

Les Allemands font usage de sucre candi pour nourrir leurs abeilles ; en cela, ils n'ont pas tort.

En fait d'apiculture et d'Allemagne, laissez-moi m'esquiver au plus vite, afin de ne pas parler d'une chose que je suis forcée d'avancer, avec beaucoup de honte, mais avec franchise : c'est que les Allemands nous ont devancés au point de vue apicole. Mais, si, pour l'apiculture, ils sont nos maîtres, ils ne le seront pas longtemps, ce que je souhaite de tout cœur; maintenant que l'élan est donné partout en France pour propager la science apicole, nous ne sommes pas gens à nous laisser dépasser.

Que nos chères abeilles amassent, cette année, beaucoup de provisions, c'est mon désir, car elles nous rendent toujours, au centuple, le peu de soins que nous leur donnons.

Mᵐᵉ FISCHER,

à Chaillevois (Aisne).

BIBLIOGRAPHIE APICOLE [1]

Nous croyons être utile au lecteur que cette conférence aura convaincu, en lui donnant le moyen d'étudier plus à fond l'apiculture, et de devenir, *tout seul*, un praticien habile, en sé pénétrant bien des principes et des pratiques des maîtres de la science apicole.

Voici les ouvrages qui répondent le mieux au but que se propose l'apiculteur débutant :

Le Rucher illustré. Erreurs à éviter, conseils à suivre, par M. Georges de Layens, président de la Fédération des Sociétés françaises d'apiculture ; avec 41 illustrations hors texte. Cet ouvrage contient des conseils pratiques qui s'adressent à tous ceux qui s'occupent d'abeilles, quel que soit le système de ruches vulgaires ou de ruches à cadres qu'ils emploient.

1 beau volume in-8 ; prix (*franco*) 2 fr. 50. Paul Dupont, 4, rue du Bouloi, Paris, et chez tous les libraires.

A la même librairie : ouvrages de M. de Layens (*franco*).

Elevage des abeilles, en 17 leçons, avec figures...................	1.50
Les Abeilles, avec figures, premières leçons à l'usage des écoles.....	0.25
Conseils aux apiculteurs..	0.60
L'Hydromel, avec figures..	0.60
Construction économique des Ruches à cadres, avec figures.........	0.60
Nouvelles expériences pratiques d'apiculture, avec figures..........	0.60
Conduite d'un Rucher isolé...	0.25

L'Apiculture moderne, 3ᵉ édition, 130 gravures, par M. Clément. Larousse, éditeur. Paris...................................	2.00
Le Rucher du cultivateur, par M. du Chatelle, inspecteur des forêts. Bastien, éditeur à Lunéville.......................	0.40
Causerie sur la culture des abeilles, nouvelle édition, grand in-8° de 168 pages, avec 15 dessins, par C. Froissard, apiculteur vulgarisateur. Librairie Goin, à Paris................................	3.00
La conduite du Rucher, par Ed. Bertrand, dernière édition. Librairie de la « Maison rustique », à Paris..........................	2.50
L'Abeille et la Ruche, par Langstroth et Dadant. 640 pages, 24 planches, 183 figures, reliure élégante et solide......................	7.50

[1] Note de la Section.

PARAITRONT PROCHAINEMENT

L'ABEILLE A L'ÉCOLE PRIMAIRE

RESTONS AU VILLAGE — NOUS SERONS APICULTEURS

Par Mme FISCHER-BISSON

Présidente d'honneur de la Société d'Apiculture de l'Aisne

ILLUSTRATIONS DE M. LUCIEN GESCHWIND, INGÉNIEUR-CHIMISTE

OUVRAGE DÉDIÉ A M. MÉLINE. — UNE LETTRE EXPLICATIVE A M. LE PRÉSIDENT
DU CONSEIL DES MINISTRES EST IMPRIMÉE COMME PRÉFACE

Cet ouvrage, fait en vue de l'Enseignement de l'Apiculture à la Jeunesse des Ecoles, a été présenté au Congrès Apicole de Soissons lors du Concours régional de 1896. Il a été l'objet d'un rapport fait et lu par Mlle Dosser, directrice de l'Ecole normale d'Institutrices de Laon, vice-présidente d'honneur de la Société d'Apiculture de l'Aisne, à ce même Congrès, qui, à l'unanimité des membres présents, a émis les vœux suivants :

Que l'on donne l'enseignement de l'apiculture dans toutes les écoles normales, comme cela a lieu dans l'Aisne ;

Que l'on invite les instituteurs à traiter des questions apicoles dans leurs conférences aux adultes ;

Que l'apiculture soit enseignée dans les écoles primaires en même temps que l'agriculture, dont elle fait partie, partout où cela sera possible.

L'HUMUS EN AGRICULTURE

SUPPRESSION DE LA DÉPERDITION DE L'AZOTE DES FUMIERS DE FERME

Par Lucien GESCHWIND

Ingénieur-Chimiste
Directeur technique des Usines et Cendrières de Chailvet (Aisne)

Lightning Source UK Ltd.
Milton Keynes UK
UKHW010634091218
333661UK00004B/152/P